AF468424

HISTOIRE DE L'ARITHMÉTIQUE.

Développements et détails historiques sur divers points du système de l'Abacus;

BIBLIOTHÈQUE ROYALE

Par M. CHASLES.

(Extrait des *Comptes rendus des séances de l'Académie des Sciences,* séance du 26 juin 1843.)

§ I. — *Indication des principales questions traitées dans ce Mémoire.*

Dans les communications que j'ai eu l'honneur de faire récemment à l'Académie (1), j'ai donné l'explication de ces anciennes pièces mathématiques qui portent le nom d'*Abacus* et dont la signification était contestée et absolument inconnue.

Cette explication a prouvé que ces écrits sont de véritables Traités d'arithmétique dans le même système de numération que notre arithmétique actuelle, ainsi que je l'avais avancé depuis longtemps.

Elle a confirmé, en outre, le vrai sens que j'ai donné antérieurement du passage de la Géométrie de Boèce sur l'Abacus; car il y a une identité incontestable entre ce texte obscur et les écrits que j'ai expliqués, notamment celui de Gerbert.

Ainsi, c'est un fait désormais acquis à l'histoire, et qui, j'ose l'espérer,

(1) Voir les *Comptes rendus de l'Académie,* t. XVI, séances des 23 et 30 janvier, et 6 février 1843.

1843

ne me sera plus contesté, que le passage de la Géométrie de Boèce, la Lettre de Gerbert à Constantin, et les autres pièces sur l'Abacus, écrites au Xe et au XIe siècle, sont des Traités d'arithmétique dans le même système que notre arithmétique actuelle, c'est-à-dire où l'on fait usage de neuf chiffres, qui prennent des valeurs de position en progression décuple (1).

On conçoit que ce fait capital entraîne des conséquences importantes et contraires aux idées généralement admises concernant l'histoire et l'origine de notre arithmétique, car il proteste contre l'idée si répandue, que c'est aux Arabes que nous sommes redevables de cette méthode de calcul; et il semble même pouvoir suffire seul pour prouver que c'est véritablement des Latins que nous l'avons reçue.

En effet, les principes de notre arithmétique actuelle sont les mêmes que ceux du système de l'Abacus. D'une autre part, nos chiffres actuels dérivent des apices de Boèce, lesquels ont été en usage dans les traités du moyen âge; tous les auteurs modernes sont tombés d'accord sur ce fait, quoiqu'ils ignorassent quelle avait été la véritable destination de ces apices. Ainsi donc les Chrétiens possédaient, au Xe siècle au plus tard, et tenaient des Romains les principes de notre arithmétique actuelle, et la forme même de nos chiffres vulgaires. Ils n'avaient donc rien à recevoir des Arabes sur ces deux choses capitales qui constituent notre arithmétique. Il est même à considérer que les Arabes, de même que les Hindous, ont des chiffres différents de nos propres chiffres. Comment donc soutiendrait-on encore aujourd'hui, que c'est de l'Orient que nous est venue, au XIIIe siècle, ainsi qu'on le dit, la connaissance de l'arithmétique de position?

Cependant cette opinion si répandue continue d'être reproduite, depuis même mon explication récente des Traités de l'Abacus. Je la discuterai plus tard, en faisant l'histoire du système de l'Abacus, et en traitant spécialement de l'origine de notre arithmétique considérée sous sa forme actuelle.

Mais auparavant je dois faire connaître divers faits intéressants, concernant le système de l'Abacus considéré sous sa forme ancienne, c'est-à-dire avec ses *colonnes,* tel qu'il est décrit par Boèce, et tel que le culti-

---

(1) J'ai cité dans ma communication précédente l'opinion de M. Boeckh, qui, dans une dissertation spéciale, a approuvé complétement mon explication du passage de Boèce. Depuis, un géomètre allemand, M. le docteur Nesselmann, professeur à l'Université de Kœnigsberg, a traité aussi très au long de cette partie de mes recherches historiques et lui a donné pareillement son assentiment, dans un ouvrage intitulé : *Histoire de l'algèbre des Grecs,* en allemand. Berlin, 1842; 1 vol. in-8°.

vaient les Chrétiens au xe et xie siècle. Ces faits, dont j'ai puisé la connaissance dans une étude attentive d'assez nombreux manuscrits, sont tous nouveaux, à l'exception de deux seuls, qui, pouvant se révéler sans qu'il fût nécessaire de comprendre les textes sur l'Abacus, ont été connus des divers auteurs qui ont eu l'occasion de consulter ces anciens écrits. Le premier, c'est que les neuf caractères ou apices qui se trouvent dans plusieurs de ces ouvrages, ont avec nos chiffres vulgaires une telle analogie, qu'on les a regardés comme l'origine de ceux-ci. Le second fait, c'est que la méthode de l'Abacus, quelle qu'elle fût, se pratiquait sur la *table couverte de poudre*. Cela est dit expressément et en termes très-intelligibles dans plusieurs ouvrages. Aussi les auteurs modernes ont-ils appelé cette méthode l'*Art de compter sur la table couverte de poudre*, en ignorant toutefois ce qu'était cette manière de compter, et la signification des textes obscurs qui la décrivent.

Les développements dans lesquels je vais entrer mettront en évidence beaucoup d'autres faits plus importants. Ils prépareront à une solution décisive de la question d'origine dont je viens de parler, et ils justifieront les opinions que j'ai émises succinctement sur quelques points soit de l'histoire du système de l'Abacus, soit de cette question d'origine, dans les *préliminaires historiques* qu'on lit en tête de mon explication des Traités de l'Abacus.

Voici l'indication sommaire des principales questions que je vais traiter:

De la forme du Tableau de l'Abacus. — De l'ordre dans lequel on écrivait sur ce tableau la série des neuf chiffres. — Nomenclature en usage dans ce système. — Origine des tranches de trois chiffres et de notre nomenclature actuelle. — De la valeur de position attribuée aux signes des fractions, de même qu'aux chiffres des nombres entiers. — De l'usage du zéro dans le système de l'Abacus. — Analogie entre ce système et les instruments de calcul en usage chez les Romains. — Cette méthode se pratiquait sur la table couverte de poudre. — Elle avait, outre le nom d'Abacus, ceux de *Méthode de Pythagore*, *Méthode des géomètres*. — Enfin, ce système de l'Abacus n'a pas été une simple spéculation arithmétique; les mathématiciens en faisaient réellement usage pour leurs calculs.

§ II. — *De la forme du tableau de l'Abacus.*

Ce tableau, considéré dans sa forme la plus simple, et tel qu'il suffisait dans la pratique, consistait en *colonnes* verticales, au haut desquelles on écrivait les nombres I, X, C, M,..., de droite à gauche. Plusieurs Traités, notamment ceux de Gerland et de Radulphe, offrent de nombreuses opérations exécutées dans de pareilles colonnes (1).

Mais le tableau de l'Abacus pouvait être plus compliqué; du moins on le trouve figuré dans des manuscrits d'une manière plus complète, et la description qu'en font plusieurs auteurs se rapporte à cette dernière forme. Voici ce qui s'y trouve:

Au-dessous des chiffres romains I, X, C, M,... sont les noms des nombres qu'ils expriment, savoir, *unus, decem, centum, mille....*

Dans la partie la plus élevée du tableau on trouve les neuf chiffres 1, 2, 3,..., 9, écrits de droite à gauche dans les colonnes; et au-dessus d'eux leurs noms *igin, andras, ormis,..., celentis.* A côté de ces chiffres sont les lettres grecques A, B, Γ, Δ, E, ϛ, Z, H et Θ; au-dessous, les termes *unus, duo, tres,..., novem,* qui expriment les valeurs numériques de ces lettres ainsi que des neuf chiffres de l'Abacus.

Chaque colonne est surmontée d'un arc de cercle. De plus grands arcs embrassent les colonnes, trois à trois; et, suivant quelques auteurs, un arc de grandeur intermédiaire peut recouvrir la seconde et la troisième colonne de chaque tranche ternaire.

Les trois colonnes de chaque tranche sont marquées, respectivement, des trois lettres S, D, C, lesquelles signifient *singularis, decenus, centum,* (*unités, dizaines, centaines*).

Quelques auteurs réservent les trois premières colonnes à droite pour les *fractions;* de sorte qu'alors les colonnes destinées aux nombres entiers ne commencent qu'à la quatrième. D'autres disent qu'on écrit les fractions à côté du tableau, sur la marge. D'autres enfin les écrivent dans les colonnes mêmes des nombres entiers, en donnant aux *signes* de ces fractions des *valeurs de position* en progression décuple. Ainsi, pour exprimer 16 onces, on écrit le

---

(1) Voir le Traité de Radulphe, dans le Ms. 534 du fonds de Saint-Victor de la Bibliothèque royale; et le Traité de Gerland, dans les cinq Mss. suivants: 533 de Saint-Victor; G. LXXIII de l'abbaye de Saint-Emmeran de Ratisbonne; 343 de la collection d'Arundel du Musée britannique; 51ª de l'Université de Louvain; 95 des Mss. d'Is. Vossius, appartenant à la bibliothèque de l'Université de Leyde.—Le Ms. cité de Ratisbonne et le Ms. de Leyde, nº 38 des Mss. de Scaliger, contiennent un Traité des fractions commençant par ces mots: *Cum passione contraria.....,* où se trouve une opération de la division exécutée dans des colonnes.

signe de l'once dans la colonne des dizaines, où il exprimera 10 onces, et le signe du *sicilicus*, valant 6 onces, dans la colonne des unités.

Suivant quelques auteurs, Radulphe par exemple, on écrivait dans la partie inférieure du tableau les signes des vingt-quatre fractions romaines en usage dans le système de l'Abacus (1). Et en effet, le tableau qu'on trouve dans le passage de Boèce présente les vingt-quatre fractions ainsi placées, du moins dans quelques manuscrits.

On trouve parfois au milieu du tableau deux ou trois séries de nombres écrits en chiffres romains sur des lignes horizontales. La première série commence par le signe du *semis*, signifiant *un demi*, placé dans la colonne des unités; les nombres suivants sont exprimés par les chiffres V, L, D, $\overline{V}$, etc., placés consécutivement dans les colonnes des dizaines, centaines, etc. La seconde série présente le signe du *quadrans* signifiant *un quart*, puis les chiffres qui expriment les produits de $\frac{1}{4}$ par 10, 100, 1000, etc. Nous dirons plus loin ce que signifient ces séries de nombres.

Dans la dixième colonne du tableau de l'Abacus, on trouve parfois, à la suite des neuf chiffres, un dixième signe ayant la forme d'un *rond;* et parfois ce rond a le nom de *sipos* écrit à la suite des noms *igin, andras,..., celentis,* de ces neuf chiffres.

Enfin les neuf chiffres, au lieu d'être placés dans les neuf premières colonnes, comme nous l'avons dit, le sont quelquefois dans les grands arcs de cercle qui embrassent les colonnes trois à trois.

Voilà quel était, dans sa forme la plus complète, le tableau de l'Abacus; on le trouve décrit de la sorte par plusieurs auteurs (2), et représenté dans quelques manuscrits, soit isolément (3), soit dans le passage qui termine le premier livre de la Géométrie de Boèce (4). Mais d'autres auteurs

---

(1) Quarta demum linea notas ponderum continet ad indivisibiles per integrum numeros diligenti mutuatione translatas, ut quia unitates quæ vicem athomorum in numeris obtinent per partes distrahere nequimus, intellectu eis corporum partes adhibendo quod natura indivisibile est ad exercitandam industriam dividere moliamur. (Ms. 534 de Saint-Victor.)

(2) Bernelius; Ms. 7193, ancien fonds de la Bibliothèque royale, et Ms. G. LXXIII de l'abbaye de Saint-Emmeran. — Radulphe, Ms. cité.

(3) Mss. 142 de la bibliothèque de Chartres; — 591 de la bibliothèque de Rouen; — — 8663 de la Bibliothèque royale.

(4) Ms. 142 de la bibliothèque de Chartres; — Ms. Harleian, n° 3595, du Musée britannique; — Autre Ms. du Musée britannique; — Ms. de l'Université d'Altdorf mentionné par Weidler et Mannert dans leurs Dissertations.

donnent au tableau une forme beaucoup plus simple, et le réduisent même aux seules colonnes, au haut desquelles, toutefois, ils placent toujours les chiffres I, X, C, M, etc.

Je vais maintenant donner l'explication des différentes parties du tableau complet : on y reconnaîtra l'origine de certains points de notre Arithmétique actuelle, où l'on a cru voir jusqu'ici une origine arabe.

§ III. — *De la forme simplifiée, et de la forme complète du tableau de l'Abacus.*

On conçoit que, dans la pratique, on ait simplifié le tableau de l'Abacus, en le réduisant aux colonnes et aux chiffres romains I, X, C, M,..., qui marquaient les ordres d'unités auxquels ces colonnes étaient destinées. C'est ainsi, en effet, que le tableau est figuré dans toutes les opérations qu'on trouve exécutées avec les chiffres de l'Abacus dans les Traités de Gerland et de Radulphe.

Mais quand le maître enseignait oralement à ses élèves les principes et le mécanisme de cette méthode de calcul, on peut croire qu'il représentait alors le tableau à colonnes complétement. Car, sous cette forme, ce tableau contenait tous les éléments du système de numération dont il facilitait l'exposition. Il formait un enseignement muet qui pouvait, en quelque sorte, se suffire à lui-même.

A l'appui de cette considération, je citerai le manuscrit 142 de la bibliothèque de Chartres, qui contient, à la suite d'un tableau de l'Abacus ainsi figuré très-complet, quelques pages de texte, puis la table de multiplication, et divers autres tableaux, dont deux relatifs aux fractions : ces fragments semblent, au premier abord, ne présenter que confusion ; mais on reconnaît qu'ils ont été destinés à former un Traité complet d'arithmétique, comprenant l'exposition du système de numération, les règles de la multiplication et de la division, et le calcul des fractions. Dans cet ensemble, les tableaux devaient, en quelque sorte, parler d'eux-mêmes et suppléer à de longues explications.

§ IV. — *Des nombres* I, X, C, M, *etc.*

L'inscription des chiffres I, X, C, M,..., au haut des colonnes, s'explique d'elle-même, car ces chiffres expriment l'ordre des unités qu'on doit placer dans ces colonnes.

§ V. — *De l'inscription des neuf caractères ou apices au haut du tableau. — De l'ordre dans lequel ces chiffres sont écrits. — Conséquence relative à l'origine de notre arithmétique actuelle.*

En représentant les neuf *caractères* ou *apices* 1, 2, etc., au haut du tableau, les auteurs ont eu pour principal motif de faire connaître les chiffres en usage dans cette méthode de calcul. On y trouve aussi parfois les neuf lettres grecques (1) qui avaient les mêmes valeurs numériques dans l'Arithmétique vulgaire des Grecs. Cette tradition semble signifier que le système de l'Abacus a été en usage chez les Grecs, soit que ces neuf lettres aient pour objet d'indiquer les valeurs numériques des neuf chiffres, soit qu'on doive les considérer comme ayant été elles-mêmes employées pour tenir lieu des neuf chiffres ou *apices* particuliers à ce mode de calcul. Car Boèce dit que les uns se servent, sur le tableau de l'Abacus, des neuf *apices* qu'il vient de décrire, mais que d'autres se servent des lettres de l'alphabet, et d'autres, des caractères déjà en usage pour représenter les nombres naturels (2).

Les neuf chiffres sont écrits dans les colonnes *de droite à gauche*. La raison de cet ordre se présente naturellement; c'est que le tableau commence à droite, et est illimité à gauche. En outre, cet ordre avait un avantage; c'est que, de la sorte, les chiffres montraient immédiatement aux yeux le rang des différentes colonnes, de même que les chiffres romains I, X, C,.... marquaient l'ordre des unités auxquelles ces colonnes étaient destinées. Cela

---

(1) Ms. 142 de la bibliothèque de Chartres. — Dans la description textuelle du tableau de l'Abacus, Bernelinus comprend les neuf lettres grecques. — On les trouve aussi dans le Traité qui commence par ces mots : *Doctori et patri theosopho...*, dans le Ms. cité de l'abbaye de Saint-Emmeran de Ratisbonne. — Andrès dit que ces neuf lettres numérales se trouvent dans le tableau de l'Abacus de la Géométrie de Boèce que contient le Ms. 830 de la bibliothèque Barberini de Rome. (*Dell' origine..... d'ogni letteratura, etc.*, t. IV, p. 42.)

(2) Habebant diverse formatos apices vel caracteres. Quidam enim hujuscemodi apicum notas sibi conscripserant, ut hæc notula responderet unitati I,..... Quidam vero in hujus formæ depinctione litteras alfabeti sibi assumebant, hoc pacto ut littera quæ esset prima unitati, secunda binario, tertia ternario, cæteræque in ordine naturali numero responderent naturali. Alii autem in hujusmodi opus apices naturali numero insignitos et inscriptos tantummodo sortiti sunt.

A l'appui, en quelque sorte, de cette dernière phrase de Boèce, j'ai trouvé un exemple de l'usage même des chiffres romains sur le tableau de l'Abacus, c'est-à-dire dans des colonnes figurées, où ces chiffres prennent des valeurs de position. On divise 120 par le nombre entier et fractionnaire *onze, deunx* et *scripule*. (Mss. 38 de Scaliger, et G. LXXIII, de Ratisb. déjà cités.)

était utile parce que, souvent, dans les multiplications, on désignait la place d'un chiffre par le *rang* de sa colonne, au lieu de dénommer l'*ordre* des unités de cette colonne. Ainsi, par exemple, on disait la *sixième colonne* (*sextus arcus*), au lieu de dire la *colonne des centaines de mille* (*centenarius millenus arcus*).

Cette inscription des neuf chiffres au haut des colonnes, de droite à gauche, dont le double motif que nous venons d'indiquer se présente naturellement à l'esprit, est prescrite formellement dans le Traité de l'Abacus que j'ai fait connaître précédemment (1).

Cela nous donne l'explication d'un fait qu'on a mal interprété, ce me semble, jusqu'ici, en le regardant comme une preuve de l'origine orientale de notre arithmétique. Dans les Traités d'algorisme du XIIe et du XIIIe siècle (Traités d'arithmétique avec le *zéro* et sans *colonnes*) (2), la série des neuf ou des dix chiffres est écrite de droite à gauche ainsi : 0, 9, 8, 7, 6, 5, 4, 3, 2, 1 (3). Cela provient de l'habitude qu'on avait prise d'écrire dans cet ordre cette série au haut des colonnes de l'Abacus. Cette habitude s'est conservée d'autant plus naturellement, que, tout en supprimant les colonnes dans la pratique du calcul, on a continué de s'en servir dans les premiers Traités d'algorisme, pour expliquer les principes et le mécanisme du système de numération, et qu'au haut de ces colonnes on écrivait la série des neuf chiffres dans l'ordre accoutumé. Ce fait, dont j'ai puisé la connaissance dans plusieurs manuscrits (4), et qui paraît avoir échappé aux auteurs qui, dans

---

(1) « Et in primo (arcu) scribitur unitas, in secundo binarius, in tertio trinarius, in quarto quaternarius, in quinto quinarius, in sexto senarius, in septimo septenarius, in octavo octonarius, in nono novenarius. » (Voyez *Comptes rendus de l'Académie*, t. XVI, p. 136.)

(2) J'attribue au XIIe siècle, et non au XIIIe, comme c'est l'opinion commune, les premiers Traités d'algorisme. J'ai déjà cité à l'appui de mon opinion le Traité d'algorisme de Jean Hispalensis, auteur qui écrivait vers le milieu du XIIe siècle. (Voyez *Aperçu historique*, p. 511 et 535; — *Comptes rendus de l'Académie*, t. XIII, p. 502.) Ce document pourrait suffire seul, mais je produirai d'autres preuves en traitant en particulier ce point historique.

(3) On peut consulter les Traités d'algorisme d'Alexandre de Villedieu et de Sacro Bosco, édités par M. Halliwell dans ses *Rara mathematica*, et qui se trouvent dans une foule de Mss.

(4) Voir le Traité d'algorisme de Jean Hispalensis, Mss. 7359, ancien fonds; 972 et 981, fonds de Sorbonne; et un autre Traité d'algorisme qui commence par ces mots : *Omnium quæ sunt alia sunt...* dans les Mss. 7377 A, ancien fonds, et 981, fonds de Sorbonne. — Sur le dernier feuillet de ce Ms. 981, se trouve isolément un tableau de l'Abacus; au haut des colonnes, sont écrits les neuf chiffres, sous la même forme que dans tous les Traités

ces derniers temps, ont écrit sur l'origine de l'arithmétique, est fort important; car il montre bien la transition de l'Abacus à l'algorisme, et il fournit une preuve que notre arithmétique dérive de ce système de l'Abacus.

J'ai dit qu'on avait mal interprété cet ordre des neuf chiffres qu'on trouve dans les anciens Traités d'algorisme; je justifierai cette observation dans une Note à la suite de ce Mémoire.

§ VI. — *Des arcs de cercle embrassant les colonnes trois à trois. — Nomenclature en usage dans le système de l'Abacus. — Origine des virgules employées par les Modernes : origine de la nomenclature actuelle.*

Les grands arcs de cercle qui embrassent les colonnes trois à trois, et forment ainsi des tranches de trois colonnes, se rapportent à la nomenclature des différents ordres d'unités en usage dans le système de l'Abacus. Ils jouent le rôle et sont l'origine des *points*, puis des *virgules*, employés dans les Traités d'algorisme du moyen âge et chez les Modernes, pour diviser un nombre en tranches de trois chiffres et en faciliter l'énonciation.

La nomenclature, dans le système de l'Abacus, dès le temps de Boèce, se réduisait aux quatre termes *unités*, *dizaines*, *centaines* et *mille*, qu'on répétait indéfiniment. Arrivé à l'ordre des *mille*, on comptait par *unités*, *dizaines* et *centaines de mille*; au delà, venait l'ordre des *mille-mille*, et l'on comptait de même par *unités*, *dizaines* et *centaines de mille-mille*, de sorte qu'on disait *mille-mille*, *dix mille-mille*, *cent mille-mille* (*milies mille*, *decies milies mille*, *centies milies mille*). Au delà venait l'ordre des *mille-mille-mille*, puis l'ordre des *mille-mille-mille-mille*, et ainsi de suite.

Il y avait donc dans le système de l'Abacus, outre la série *décuple*, *unités*, *dizaines*, *centaines*, etc., qui est le fondement du système de numération, une seconde série *millénaire*, destinée uniquement à la nomenclature.

Ce sont les termes de cette série *millénaire* que les grands arcs de cercle avaient pour objet de marquer distinctement, afin de faciliter la dénomination des nombres.

Les trois lettres S, D, C, qu'on plaçait au haut des trois colonnes com-

---

d'algorisme du XIIIe siècle; et le tableau est appelé : *Tabula Abaci de opere practico numerorum.* — J'ai trouvé encore dans d'autres Mss. un pareil tableau décrit à la suite de Traités d'algorisme. Ces faits, qui jusqu'ici ont échappé aux érudits, auront des conséquences historiques importantes.

prises dans chaque grand arc, s'expliquent d'elles-mêmes, car elles signifiaient *singularis, decenus, centenus,* c'est-à-dire, *unités, dizaines, centaines* (1).

Quand on a supprimé les colonnes, on a substitué aux grands arcs de cercle, pour marquer les tranches de trois chiffres, des *points* qu'on écrivait sur le premier chiffre de chaque tranche, à partir de la seconde. Ainsi l'on trouve dans les anciens Traités d'algorisme un *point* sur le quatrième chiffre, sur le septième, sur le dixième, etc. Sacro Bosco recommande cette notation, et nous la trouvons encore dans des ouvrages du XVe et du XVIe siècle. Les Modernes (vers le XVIIe siècle) ont substitué à ces *points* placés *sur* les chiffres, des *virgules* placées *entre* les chiffres. L'usage de ces virgules a été contrarié par la notation des fractions décimales; néanmoins on n'y a pas renoncé entièrement.

Quant à la dénomination des unités *millénaires, unités, mille, mille-mille, mille-mille-mille,* etc., elle s'est conservée dans les Traités d'algorisme jusqu'au XVIIe siècle. Alors seulement on a cherché à la changer, et, après divers essais tendant à substituer aux tranches de trois chiffres les tranches de quatre chiffres en usage anciennement dans la numération vulgaire des Grecs, ou bien les tranches de six chiffres en usage dans celle des Romains, on est revenu aux tranches de trois chiffres, mais en remplaçant les expressions compliquées *mille-mille, mille-mille-mille, mille-mille-mille-mille,* etc., par les simples termes *million, billion, trillion,* etc.

Ainsi notre nomenclature actuelle, et l'usage des *virgules* qui la facilite, dérivent directement du système de l'Abacus.

J'ai dit que la nomenclature en usage dans ce système se trouvait dans Boèce. En effet, elle est non-seulement exprimée dans son tableau de l'Abacus par les signes $\bar{\text{I}}$M, X$\bar{\text{I}}$M, C$\bar{\text{I}}$M, M$\bar{\text{I}}$M, etc., signifiant *mille-mille, dix-mille-mille, cent-mille-mille, mille-mille-mille,* etc., mais on la trouve aussi dans le texte, où on lit, par exemple, *in centies milies mille milibus,* dans la colonne des *cent-mille-mille-mille* (la 12e colonne).

Cette nomenclature est celle que présentent tous les Traités de l'Abacus du Xe et du XIe siècle. On la trouve dans la Lettre de Gerbert, de même que dans le Traité anonyme que j'ai édité. Bernelinus, Heriger, Gerland, Radulphe, Adelard, etc., n'en ont pas d'autre non plus. Gerland, par exemple,

---

(1) Quelques auteurs disent aussi que l'on plaçait au-dessus de la lettre S la lettre M : elle signifiait *monas.*

appelle la colonne des unités du quatorzième ordre, *decies milies milies mille millenus arcus*.

Suivant quelques auteurs, les neuf chiffres pouvaient être placés dans les grands arcs de cercle qui embrassaient les colonnes trois à trois (1). Ils avaient alors pour objet d'indiquer le rang des tranches de trois colonnes, et de faciliter ainsi la nomenclature des unités millénaires. Radulphe assigne cette place à la série des neuf chiffres. On les voit ainsi dans un tableau de l'Abacus représenté dans le manuscrit 8663, ancien fonds, de la Bibliothèque royale.

§ VII. — *Du principe de la valeur de position étendu aux signes des fractions.*

J'ai dit que le tableau de l'Abacus pouvait présenter dans sa partie du milieu quelques séries horizontales de nombres exprimés en chiffres romains. On en trouve trois dans le tableau de Boèce, du moins dans quelques manuscrits, et une dans le tableau du manuscrit 8663. Radulphe, dans son Traité de l'Abacus, parle de ces séries de nombres, mais imparfaitement et sans en comprendre la signification (2). M. Mannert, qui les a remarquées dans le manuscrit de la Géométrie de Boèce de l'Université

---

(1) Et primi quidem tres termini, id est unus, X, C, ut primum locum se vindicare innuant, primo unitatis caractere insigniti habentur.... Post hos qui sequuntur alii tres termini, scilicet mille, $\overline{X}$, $\overline{C}$, ut secundum locum obtinere probentur, secundo binarii caractere prætitulantur. Tertio quoque loco constituti, id est mille milia, decies mille milia, centies mille, milia ternario signantur... (*Voyez* Ms. de la Bibliothèque royale, fonds de Baluze, 4e armoire, paquet 6, n° 5, et Ms. 10078-95, de la bibliothèque royale de Bruxelles.)

(2) Après avoir parlé des nombres I, X, C, M,..., écrits sur une première ligne, Radulphe ajoute que sur une deuxième ligne on écrit, dans les mêmes colonnes, deux fois la moitié du nombre supérieur, et sur une troisième ligne la moitié seulement de ces nombres supérieurs. « Et superior quidem linea illas quas supra memoravimus singulorum arcuum superscriptiones obtinet, quæ principales numeri idcirco dicuntur, quia primo loco positi sunt et quia ad eos ceterorum qui secunda, quique tertia linea notati sunt numerorum ratio respicit. In sequenti vero linea resolutorii numeri descripti sunt; in singulari arcu ubi unitas suprati- tulata est, semisses duo, non quod individuam unitatem secare quis possit, sed unum aliquod in duo dimidia resolvatur. In deceno vero, cui X litteram superscriptam diximus, duo V, id est duo quinarii; in centeno autem, cui C præscribitur duo L, videlicet duo quinquagenarii; in milleno qui M inscriptam habet, duo D, id est quingenti subscripti sunt. Et sic in sequentibus, quemcumque numerum suprascriptum videris, ejusdem duos resolutorios infra positos pernotabis. » (Ms. 534, fonds de Saint-Victor.)

d'Altdorf (1), n'a pas su non plus ce que signifiaient ces nombres, qui, du reste, sont la plupart mal exprimés dans les manuscrits, parce que les copistes anciens en ignoraient eux-mêmes la signification.

Voici, à mon sens, l'interprétation de cette partie obscure du tableau de l'Abacus.

La première série commence par le signe S, signifiant *semis*, c'est-à-dire *un demi*; ce signe est placé dans la colonne des unités; puis viennent, dans les colonnes suivantes, les nombres V, L, D, $\overline{\text{V}}$, etc., signifiant 5, 50, 500, 5000, etc. Ces nombres expriment les valeurs *de position* que le signe du *semis* prendra quand on le placera dans les colonnes.

De même, la seconde série, qui commence par le signe du *quadrans*, ou *un quart*, écrit dans la colonne des unités, indique les valeurs, en progression décuple, que prendra ce signe dans les colonnes successives.

De même la troisième série indique les valeurs que prendra, ou les nombres que représentera le signe de *sescuntia*, *un huitième* de l'as ou de l'unité, étant placé dans les colonnes suivantes.

Ainsi, cette partie obscure et confuse du tableau de l'Abacus signifierait que les signes des fractions prenaient des *valeurs de position*, de même que les neuf chiffres destinés au calcul des nombres entiers. Et en effet, Boèce, dans un passage de son second livre, passage très-important, qui se rapporte encore au système de l'Abacus, et auquel on n'a pas fait attention jusqu'ici, Boèce, dis-je, fait connaître les fractions particulières dont se servaient les arpenteurs romains, et paraît dire, en termes obscurs il est vrai, que ces fractions prennent des *valeurs de position* en progression décuple. Du reste, plusieurs auteurs, Gerland notamment, donnent aux fractions des valeurs de position, dans des opérations numériques réellement exécutées et figurées au moyen de colonnes.

§ VIII. — *Du nombre des colonnes du tableau de l'Abacus.*

Dans la pratique, quand le tableau n'était pas tracé d'avance, le nombre des colonnes était indéterminé et variait selon l'étendue des nombres que l'on avait à exprimer; les tableaux dans lesquels Radulphe et Gerland figurent leurs opérations arithmétiques ne contiennent jamais que le nombre de colonnes strictement nécessaire.

---

(1) *De numerorum quos Arabicos vocant vera origine*..... In-12, *broch.*, 1801.

Mais, pour l'exposition du système de numération, on traçait un certain nombre de colonnes qui, bien qu'il pût être arbitraire, était généralement déterminé. L'auteur des *Regulæ Abaci* que j'ai traduites, dit qu'on en trace *douze, plus ou moins*. Gerland en trace XV. Mais la plupart des auteurs parlent de XXVII ou de XXX colonnes.

Cela s'entend évidemment de ce tableau modèle, qui servait pour l'exposition du système de numération. Voici, ce me semble, la raison de ces deux nombres *vingt-sept* et *trente*. Les colonnes, prises trois à trois, étaient recouvertes d'arcs de cercle dans lesquels plusieurs auteurs disent d'inscrire les neuf chiffres; il fallait donc qu'il y eût neuf arcs et conséquemment vingt-sept colonnes. Quelques-uns plaçaient un *rond* ou *sipos* dans un dixième arc; cela faisait alors trente colonnes. D'autres affectaient les trois premières colonnes aux signes des fractions : ces trois colonnes, étrangères à la numération des nombres entiers, faisaient encore, avec les vingt-sept autres, le nombre trente.

Les vocabulaires du XIIIe siècle ont rapporté une description succincte du tableau de l'Abacus. Ils disent qu'il est formé de *dix arcs* (ou *colonnes*); que dans le premier arc on inscrit l'unité; dans le second, *dix;* dans le troisième, *cent*, etc. « Hic abax interpretatur decem; unde hic Abacus quasi decuplatio, quia in Abaco sunt decem arcus sese decuplantes. In primo unitas; in secundo denarius; in tertio centenarius. Et est Abacus, vel abax, geometricalis tabula (1).... » Ces dix arcs doivent s'entendre des *colonnes* simples, et non des tranches de trois colonnes; il y en a *dix*, parce qu'on inscrivait dans ces colonnes les neuf chiffres, et à leur suite le *sipos*.

Cette courte description du tableau de l'Abacus a été reproduite par les vocabulistes du XVe siècle (2); mais depuis elle ne l'a plus été : Ducange, notamment, l'a omise dans son Glossaire. C'est probablement parce qu'on ne la comprenait plus alors. Mais elle redevient intelligible, après l'explication que j'ai donnée des Traités de l'Abacus, et il est à croire qu'on la rétablira désormais dans les glossaires de la latinité du moyen âge.

Radulphe de Laon, que nous avons déjà cité plusieurs fois, cherche à expliquer la raison du nombre vingt-sept adopté pour le nombre des colonnes du tableau de l'Abacus; au lieu de voir cette raison dans le nombre des neuf chiffres, comme nous avons fait, il la cherche dans ces idées bizarres sur les

---

(1) Hugutionis *Derivationes majores, sive Glossarium. Voir* Mss. 7622 et autres de la Bibliothèque royale. — Joannis Genuensis *Catholicon, seu Universale vocabularium.*

(2) Nestor; Tortellius Aretinus; l'auteur du *Breviloquus.*

propriétés des nombres, si répandues dans les écoles de Pythagore et de Platon. « Les inventeurs de l'art de l'Abacus, dit-il, voulant rendre leur ouvrage parfait, ont assigné aux *espaces*, ou colonnes, un nombre cubique. Considérant que *huit*, cube du premier nombre pair, eût été trop faible, et que les cubes des nombres supérieurs à *trois* eussent été trop forts, ils ont pris le cube de *trois* (c'est-à-dire vingt-sept) (1). » Ensuite Radulphe s'étend sur la formation des nombres cubiques, leur analogie avec la Géométrie, leurs propriétés de perfection, etc., toutes choses étrangères à son sujet.

Sur divers autres points du système de l'Abacus, dont nous n'avons pas à parler ici, le même auteur entre encore dans des explications qui ne sont ni plus satisfaisantes ni plus plausibles que celle-là.

§ IX. — *Sur le* rond *appelé* sipos. — *Usage du zéro dans le système de l'Abacus.*

Il a existé dans le système de l'Abacus, du moins à partir d'une certaine époque, un signe ayant la forme d'un *rond*, et les noms de *sipos*, *rota* ou *rotula*. Ce dixième signe se trouve dans plusieurs tableaux de l'Abacus, à la suite des neuf chiffres, et il en a été question dans plusieurs textes.

J'ai trouvé dans plusieurs manuscrits, parmi d'autres pièces sur l'Abacus, dix vers dont neuf expriment les noms *igin*, *andras*, etc., ainsi que les valeurs des neuf chiffres, et dont le dixième s'applique au *sipos*, et signifie que *sipos* est une *roue*, un *rond*: *Hinc sequitur sipos est qui rota namque vocatur.*

C'est ce vers qui m'a révélé pour la première fois l'existence, dans le système de l'Abacus, de ce dixième signe appelé *sipos* (2). Depuis j'ai trouvé que Radulphe de Laon en fait mention dans son Traité. Après avoir décrit les noms et la forme des neuf chiffres, il ajoute qu'il y a un dixième caractère nommé *sipos* ayant la forme d'un rond, qui ne représente aucun nombre, et dont il fera connaître plus tard l'usage. « Inscribitur in ultimo ordine et

---

(1) Philosophi etenim disciplinæ hujus inventores, ut perfectum opus fecisse videantur, tabulæ istius spatia cubica quantitate metienda putaverunt. Sed quia cubus a primo pari surgens, scilicet octonario, minori quam opus erat pluralitate protenditur, qui vero ab his numeris qui ternarium sequuntur cubi fiunt prolixiori quam opus esset numerositate concrescunt, illum qui ex ternario est cubum elegerunt, secundum quem tabulæ suæ intervalla metirentur. Sic enim eam nec quicquam necessum habere nec modum excedere arbitrati sunt. (Ms. 534 du fonds de Saint-Victor.)

(2) Voir *Aperçu historique*, p. 473. — *Comptes rendus de l'Académie*, t. VIII, p. 77. — Catalogue des Mss. de la bibliothèque de Chartres (in-8°), 1840, p. 33.

» figura ⊙ sipos nomine, quæ licet numerum nullum significet, tamen ad » alia quædam utilis, ut in sequentibus declarabitur (1). »

Je n'ai point douté, quand j'ai eu connaissance de ces faits divers, et personne, je pense, n'eût douté que ce dixième signe, appelé *sipos* ou *rota*, et ayant la forme d'un *rond*, ne représentât le *zéro* de notre arithmétique. Cependant une grave difficulté m'a arrêté, quand j'ai continué la lecture de l'ouvrage de Radulphe, car ce n'est pas là l'usage que cet auteur fait du *sipos* (2). Il dit que ce dixième signe sert pour éviter les erreurs dans les multiplications où il y a beaucoup de chiffres; qu'à cet effet on place un *sipos*, ou plutôt un *petit rond, rotula*, terme dont il se sert toujours alors, sur le chiffre multiplicateur, et un autre sur le chiffre multiplicande, puis, qu'on transporte ces *petits ronds* sur les chiffres suivants, jusqu'à la fin de l'opération (3).

J'ai encore trouvé, depuis, cet usage du *rond* dans une autre pièce, où il est appelé *rota* seulement, et non *sipos*.

Cet usage paraît si peu nécessaire et est si contraire à l'idée qui se présentait naturellement quand j'ai rencontré le terme *sipos* et le *rond* soit à la suite des neuf chiffres, soit dans les dix vers cités précédemment, que je n'ai pas hésité à traiter la question de savoir si réellement le *sipos* n'était pas notre *zéro* actuel, et si quelque auteur, ignorant la signification de ce signe, n'aurait pas imaginé de lui attribuer, à tort, une autre destination. Divers faits recueillis dans des pièces manuscrites m'apprirent que d'autres méprises diffé-

---

(1) M. Halliwell a cité un Ms. de la bibliothèque Bodléienne (n° 7 des Mss. Hattoniens) dans lequel il est aussi fait mention du *sipos* dans les mêmes termes (*Rara mathematica*, p. 108). — Il semble probable que cet ouvrage est le Traité même de Radulphe.

(2) Quand j'ai eu l'honneur de communiquer à l'Académie le résultat de mes premières recherches sur le *sipos* que j'avais trouvé en premier lieu dans un groupe de neuf vers où ce terme semblait appliqué au chiffre *neuf*, j'ai ajouté, en *post-scriptum*, à ma communication dans les *Comptes rendus* de l'Académie, une Note pour faire mention du Traité de Radulphe. C'était le jour même où je venais d'avoir connaissance de ce Traité, trouvé par un de MM. les Conservateurs des Mss. de la Bibliothèque royale dans le fonds de Saint-Victor; et je n'en avais lu que le premier passage relatif au *sipos*. Je rectifie ici ce qu'avait d'erroné cette communication hâtive et incomplète.

(3) Sed cum plerumque contingit *ut plurima tam multiplicationum quam multiplicandorum* caracterum numerositas minus attentum calculatorem in eluctabili errore confundat, insinuendum videtur qua industriæ cautela hujusmodi evitari possit offensa. Meminisse ergo debes quia cum superius de descriptione tabulæ loqueremur, in ultima ternorum arcuum supraductione quamdam figuram cui sipos nomen est ⊙, in modum rotulæ formatam, nullius numeri... (Ms. 534, fonds de St-Victor.)

rentes avaient eu lieu aussi au sujet du *sipos*, et me prouvèrent avec évidence que plusieurs auteurs avaient ignoré la signification de ce signe figuré à la suite des neuf chiffres. Ces considérations, que je passe ici sous silence et qui feront le sujet d'une dissertation spéciale où j'aurai à interpréter divers textes, m'ont conduit à conclure que la véritable destination du *sipos* était bien de faire l'office de notre *zéro* actuel, c'est-à-dire de remplir les *places vides* dans l'expression des nombres.

Depuis, j'ai découvert des faits positifs qui ont confirmé cette conclusion. J'ai trouvé le véritable usage du *zéro*, l'usage actuel, dans deux Traités de l'Abacus.

Dans l'un, l'auteur dit qu'il y a un dixième signe qui sert à occuper les places de ceux qui manquent et à conserver les distances des autres, ainsi qu'il le montrera plus tard. « Quæ quotiens et ubicunque occurrit, nichil quam signum loci, tamen distantiam facit, quod in sequentibus patebit. » Malheureusement ce Traité, si intéressant à raison de ce passage et d'autres faits historiques dont je parlerai ailleurs, n'est pas terminé; le copiste s'est arrêté précisément à cet endroit. Espérons qu'on en trouvera un jour une copie complète dans un autre manuscrit.

Une autre pièce présente l'usage même du *zéro* dans trois exemples numériques. Ce signe est y appelé *rotula*. Une fois, c'est dans les colonnes mêmes de l'Abacus, pour l'expression d'un nombre, que l'auteur, par inadvertance peut-être, dit de placer un *rond*. Dans les deux autres exemples, l'usage des *ronds* paraît avoir pour objet de suppléer aux colonnes. Il s'agit d'opérations accessoires; l'auteur dit de les faire dans l'angle du tableau, avec des *ronds*. Quoique le texte ne soit pas très-clair de lui-même, on y reconnaît néanmoins que ces *ronds* doivent servir à l'expression des nombres, probablement pour suppléer aux colonnes, parce qu'il n'y en avait pas de tracées dans l'angle du tableau.

Je reviendrai sur cette question importante du zéro; je ne me bornerai pas à prouver que l'usage de ce dixième signe a été connu dans le système de l'Abacus, du moins au moyen âge; j'aborderai une question beaucoup plus délicate. J'essayerai de prouver, et je prouverai, je l'espère, que l'idée de ce zéro, qui a donné au système de l'Abacus toute la perfection de notre arithmétique actuelle, en permettant de supprimer les colonnes, n'a point été empruntée des Arabes; et que les Occidentaux ont imaginé ce signe auxiliaire avant de connaître l'arithmétique orientale.

On conçoit que cette question n'est pas sans difficulté, car c'est, en quelque sorte, un fait négatif qu'il s'agit de prouver; aussi exigera-t-elle des développements qui ne peuvent trouver place ici.

§ X. — *Analogie entre le système de l'Abacus et les instruments de calcul en usage chez les Romains.*

Le système de l'Abacus a une parfaite analogie avec deux procédés de calcul qui ont été en usage vulgaire chez les Anciens, et qui se pratiquaient, l'un avec des *jetons* qu'on plaçait sur des lignes parallèles où ils prenaient des valeurs de position en progression décuple, et l'autre avec l'instrument appelé *suan-pan* chez les Chinois et *abacus* chez les Romains (1). Cette analogie est telle, qu'on peut regarder le système de l'Abacus pratiqué avec des chiffres, comme ayant été une conséquence naturelle et une imitation écrite de ces deux procédés manuels. Les colonnes représentent les cordons du *suan-pan*, ou les lignes parallèles sur lesquelles se plaçaient les *jetons;* les neuf chiffres représentent les neuf collections de boules, ou de jetons, qu'on pouvait former sur chaque cordon; le principe des *valeurs de position* est le même de part et d'autre. Enfin, ce qui complète l'analogie, sur l'abacus manuel des Romains, dont il nous est parvenu trois modèles en nature qui ont été décrits par plusieurs auteurs, et dont un se conserve au cabinet des antiques de la Bibliothèque royale, sur cet Abacus, dis-je, sont gravés les chiffres I, X, C, M, etc., qui indiquent les ordres d'unités attribués aux cordons, de même que dans l'Abacus écrit on inscrivait ces chiffres au haut des colonnes, pour la même cause.

M. de Humboldt avait déjà exprimé l'opinion que l'arithmétique hindoue elle-même avait pu être une imitation de l'ancien *Suan-pan* de l'Asie (2). A fortiori devons-nous faire un pareil rapprochement entre le système de l'Abacus des Occidentaux et leur Abacus manuel, puisqu'à raison des colonnes et des chiffres I, X, C, M, etc., et à raison aussi de l'absence du zéro, il y a

(1) De nos jours encore on se sert de cet instrument en Russie et dans quelques parties de la Pologne. Depuis quelques années il a été introduit dans nos salles d'asile pour l'instruction des plus jeunes enfants; il y porte le nom de *boullier*. C'est, je crois, à M. Poncelet que l'on doit d'avoir importé de Russie cet instrument, et d'en avoir introduit l'usage en premier lieu dans les écoles de Metz.

(2) Voir le Mémoire de M. de Humboldt *sur les Systèmes de chiffres usités chez les différents peuples, et sur l'origine de la valeur de position dans l'arithmétique indienne* (en allemand), inséré dans le t. IV du *Journal de Mathématiques* de M. Crelle, pages 205 et suiv.

BIBLIOTHÈQUE ROYALE

entre l'un et l'autre procédé une analogie plus complète qu'entre le Suan-pau et l'arithmétique hindoue.

§ XI. — *Le système de l'Abacus se pratiquait sur la* table couverte de poudre.

L'usage était, chez les Anciens et au moyen âge encore, de faire les calculs arithmétiques, de même que les figures de Géométrie, sur la *table couverte de poudre*, table à laquelle s'appliquait même, dans son acception générale, le terme *Abacus*. Ce fait est parfaitement connu des littérateurs et des érudits; une foule d'auteurs en font mention. Il y a tout lieu de penser, à priori, que c'est de la même manière que se pratiquait le calcul des neuf chiffres, c'est-à-dire le système de l'Abacus. Cette présomption naturelle, et déjà si forte d'elle-même, est confirmée par plusieurs Traités de l'Abacus, en termes si exprès, que les auteurs modernes, tout en ignorant ce qu'était la méthode décrite dans ces textes obscurs, l'ont appelée néanmoins *l'art de compter sur la table couverte de poudre*.

Voici divers passages qui justifient cette dénomination.

Bernelinus s'exprime ainsi, dès le commencement de son Traité: « Abaci » tabula diligenter prius undique polita, ab geometricis glauco pulvere solet » velari, in qua describunt etiam geometricales figuras..... Tabula, ut pre- » taxatum est, diligenter undique prius polita..... » (1).

Gui d'Arezzo dit aussi que c'est sur la *table couverte de poudre* que se font les calculs de l'Abacus. Son ouvrage est resté manuscrit et paraît même perdu; mais les auteurs du *Nouveau Traité de Diplomatique* le citent en ces termes dans leur t. IV (Préface, page VII) : « Nous venons de découvrir des » chiffres à peu près comme on les représente aujourd'hui, dans un manu- » scrit qui contient les œuvres de Gui d'Arezzo, religieux de notre ordre vers » l'an 1028. Dans son traité de *l'art de compter sur la table couverte de* » *poudre*..... » (2).

Dans plusieurs autres Traités de l'Abacus, il est dit que les calculs se tracent sur le tableau avec le *style des géomètres, cum radio geometricali*, instrument qui servait, comme on sait, pour écrire sur la *table couverte de poudre*. On lit au commencement du Traité d'Adelard : « Vocatur Abacus

---

(1) Voir Ms. 7193 de la Bibliothèque royale. — Ms. G. LXXIII de l'abbaye de St-Emmeran de Ratisbonne.

(2) Ce passage a été cité par M. Natalis de Wailly, dans ses *Éléments de paléographie*. 2 vol. in-folio, 1838. Voir t. Ier, p. 711.

» etiam *radius geometricus*.....» et plus loin : « Quisquis Abaci, qui est ra-
» dius geometricus, diligens investigator.....» (1).

Dans une autre pièce on lit : « In hac disciplina quidam geometricalis radius.....» (2).

L'auteur anonyme que j'ai traduit dit que l'Abacus est un tableau en bois; conséquemment ce n'était point d'une manière permanente, comme à l'encre et à la plume, qu'on y traçait les chiffres.

Enfin, la manière dont tous les Traités de l'Abacus décrivent les opérations arithmétiques, montre qu'on *remplaçait incessamment*, dans le cours d'une même opération, des nombres par d'autres qui résultaient d'opérations partielles; ce qui prouve que ces nombres étaient écrits d'une manière fugitive, comme sur la poudre avec le style.

Ainsi nous devons conclure que c'était sur la poudre, suivant l'usage des Anciens, que les Chrétiens pratiquaient leur méthode de l'Abacus, au moyen âge.

Ce fait, comme je l'ai dit, a été connu des historiens modernes, qui, ignorant ce qu'était cette méthode de l'Abacus, l'ont appelée simplement *l'art de compter sur la table couverte de poudre*. Cette dénomination se trouve dans le passage du *Nouveau Traité de Diplomatique* cité ci-dessus au sujet du Traité de l'Abacus de Gui d'Arezzo; l'abbé Lebeuf s'en sert aussi en parlant de l'ouvrage de Bernelinus (3). Les auteurs de l'*Histoire littéraire de la France* ont su de même que la méthode de l'Abacus se pratiquait sur le sable. Ils s'expriment ainsi dans une courte Notice qu'ils ont donnée de l'ouvrage de Bernelinus, sans dire, toutefois, ce qu'était cette méthode : « L'abaque, sui-

---

(1) Ms. 533 du fonds de St-Victor de la Bibliothèque royale. — N° I des Mss. de Scaliger, appartenant à l'Académie de Leyde.

(2) Ms. de la Bibliothèque royale, fonds de Baluze, 4ᵉ armoire, paquet 6. — Ms. G. LXXIII de St-Emmeran, 8ᵉ pièce, f° 117, v°. — Ms. 10078-95 de la Bibliothèque royale de Bruxelles.

(3) L'abbé Lebeuf, en attribuant à Gerbert le Traité de Bernelinus qu'il a connu dans le Ms. 7193, ancien fonds, de la Bibliothèque royale (olim 5366. 5; prius 4313, Colbert), dit : « Il y a apparence que ce fut lui (Gerbert) qui traça le premier les différentes combinaisons » de chiffres arabes qu'il avait pu apprendre des Sarrasins.... Il n'est pas moins certain que » dans *l'art de compter sur la table couverte de poudre*, il connaissait les chiffres qui expri- » maient chacun en une seule pièce les neuf premières unités, à peu près comme on les repré- » sente aujourd'hui. » (*Recueil de divers écrits pour servir d'éclaircissements à l'histoire de de France;* Paris, 1738, t. II, page 84.)

» vant que Bernelinus le décrit, était une table rase sur laquelle on répandait » une poudre bleue. On traçait sur cette poudre trente lignes.....» (1).

§ XII. — *Caractères mobiles employés par Gerbert.*

J'ai dit, dans les préliminaires historiques joints à mon explication des Traités de l'Abacus, que, suivant Richer, dont l'histoire a été mise au jour en 1839, par M. Pertz, Gerbert avait fait fabriquer mille caractères en corne représentant les neuf chiffres employés dans le système de l'Abacus. Je suis porté à penser que ces caractères, qui, ce semble, devaient être d'un usage moins prompt que l'écriture sur la table couverte de poudre, n'avaient été imaginés que pour faciliter l'enseignement de cette méthode de calcul, et non pour sa pratique vulgaire. Ce qui tend à le prouver, c'est que Richer parle seulement des neuf nombres entiers, et non des vingt-quatre signes servant à exprimer les fractions, pour lesquels il eût fallu aussi un grand nombre de caractères en corne, si c'eût été là un mode pratique de calcul. En tout cas, les divers passages que je viens de citer, lesquels sont d'auteurs postérieurs à Gerbert, de Bernelinus son disciple notamment, prouvent que ces caractères mobiles n'auraient pas continué d'être employés.

Il est donc hors de doute que c'est sur la *table couverte de poudre*, suivant l'usage des Anciens, que s'est pratiqué, au moyen âge, le système de l'Abacus, au moins le plus communément.

Ce fait nous explique de lui-même pourquoi il ne nous est pas resté de traces des opérations exécutées dans ce système.

§ XIII. — *L'Abacus était la méthode de calcul des mathématiciens. Cette méthode était regardée comme une introduction aux quatre parties du quadrivium, et notamment à la Géométrie.*

Dans la phrase qui précède la description du tableau de l'Abacus, dans la Géométrie de Boèce, il est dit que les Pythagoriciens se servaient toujours, pour leurs calculs, de ce tableau, au moyen duquel ils évitaient les erreurs : « Pythagorici vero, ne in multiplicationibus et partitionibus et in prodismis » aliquando fallerentur, ut in omnibus erant ingeniosissimi et subtilissimi, » descripserunt sibi quamdam formulam. . . . . »

A la fin du deuxième livre de sa Géométrie, Boèce parle encore, et l'on n'avait pas fait attention jusqu'ici à ce passage intéressant qui complète celui

(1) *Histoire littéraire de la France*, t. XII, p. 20.

du premier livre, Boèce, dis-je, parle encore de la méthode et du tableau de l'Abacus, au sujet des fractions que les Pythagoriciens, selon lui, ont introduites dans leurs mesures pour donner aux calculs toute la précision possible. Au commencement de ce passage se trouve cette phrase : « Reliquum est ut de unciali et digitali mensura, et de punctorum et minutorum subtilitatibus, cæterisque minutiis sicut promisimus, dicamus mirabilem et arti huic (geometriæ) cæterisque matheseos disciplinis necessariam figuram, quam Archyta premonstrante didicimus edituri. » Ainsi Boèce dit que ce tableau de l'Abacus est nécessaire à la Géométrie et aux autres parties des Mathématiques, lesquelles étaient, comme on sait, les quatre arts libéraux, dont l'ensemble avait le nom de *quadrivium*.

Passons aux auteurs du moyen âge.

Richer rapporte, dans son histoire, que Gerbert regardait le calcul de l'Abacus comme une *introduction à la Géométrie;* et Gerbert dit lui-même, dans sa Lettre à Constantin, qui précède son Traité de l'Abacus, qu'avec cette méthode de calcul on peut mesurer sûrement le ciel et la terre.

Suivant Adelard, l'Abacus servait dans beaucoup d'opérations, et surtout dans celles des géomètres : « Vocatur (Abacus) etiam radius geometricus, » quia cum ad multa pertineat, maxime per hoc geometricæ subtilitates » nobis illuminantur. »

Radulphe de Laon dit que l'Abacus est indispensable (valde necessarius) dans la recherche des rapports de l'Arithmétique spéculative et des modulations musicales; dans les calculs astronomiques et dans ceux des computistes; dans les spéculations platoniques sur l'âme du monde, et en général pour l'intelligence de presque tous les auteurs anciens qui ont fait usage des nombres; que cependant l'usage de ce tableau s'applique spécialement à la Géométrie, qui s'en sert pour découvrir ses règles et les appliquer à la mesure des terres et des mers, et que ce sont les géomètres qui l'ont inventé. « Mais, ajoute Radulphe, cette science, la Géométrie, étant tombée dans l'oubli à peu près chez tous les peuples occidentaux, il arriva que cette méthode de calcul, qui lui était propre, cessant d'être appliquée, puisque la science pour laquelle elle avait été inventée avait cessé elle-même d'exister, resta abandonnée, à l'exception d'un mince filet, qui, dérivé par Gerbert, surnommé *le Savant*, homme d'une haute intelligence, par l'illustre docteur Hermann et leurs disciples, a découlé de leurs ouvrages jusqu'à nos jours (1). »

---

(1) Jam vero cui potissimum disciplinæ instrumentum hoc adjuventum sit expediendum

Un autre auteur regarde l'Abacus comme l'introduction à l'Astronomie et le principal instrument de la Géométrie, sans lequel on ne saurait faire les tables astronomiques ni les calculs des géomètres. « Nunc de Abaci utilitate dicamus. Abaci utilitas est bifaria. Abacus enim est introductio Astronomiæ et principale instrumentum Geometriæ. Utrumque enim patet quia nec primus canon Astronomiæ, nec proportionalitates sine Abaco possunt sciri Geometriæ. »

On voit, par ces diverses citations, dont quelques-unes sont d'un véritable intérêt historique, qu'au moyen âge, de même qu'au temps de Boèce, l'Abacus était regardé comme une méthode de calcul nécessaire pour la culture des sciences mathématiques, et notamment pour la culture de la Géométrie.

Ce fait va être encore confirmé par la dénomination de *Table des géomètres,* qu'on donnait au *tableau à colonnes,* ainsi que nous allons le voir.

§ XIV. — *Le tableau de l'Abacus portait le nom de* Table des géomètres, Mensa geometricalis.

On trouve dans Boèce, une ou deux pages avant la description du tableau de l'Abacus, cette phrase qui s'y rapporte : « Sed jam tempus est ad *geometricalis Mensæ* traditionem ab Archyta non sordido auctore latio accomodatam venire. » Ainsi Boèce appelait le tableau de l'Abacus *Table des géomètres.*

---

est. Et quidem cum et ad arithmeticæ speculationis investigandas rationes, et ad eos qui musices modulationibus deserviunt numeros, necnon et ad ea quæ astrologorum sollerti industria de variis errantium siderum cursibus, ac pari contra mundum nisu licet annos suos pro disparium circulorum ratione admodum diverso fine concludant, reperta sunt, insuper et ad platonicas de anima mundi sententias, et ad omnes fere veterum lectiones qui circa numeros subtilem adhibuere diligentiam, Abacus valde necessarius inveniatur, maxime tamen geometricæ disciplinæ formulis inveniendis, sibique invicem coaptandis quibus terrarum marisque spatia mirabili indagatione comprehendisse putantur, hujus tabulæ usus accommodus et ab illius artis professoribus repertus perhibetur. Sed quum ea de qua sermo est disciplina apud omnes ferme occidentalium partium incolas oblivioni tradita est, contigit et hanc calculandi disciplinam, utpote cujus fructus, cessante arte ad cujus adminiculum reperta fuerat, non adeo magnus advertebatur, in contemptum venisse, nisi quantum a summæ prudentiæ viro Gerberto, cui Sapientis cognomen fuit, atque ab eximio doctore Hermanno eorumque discipulis, usque ad nostra tempora derivata, a fontibus illorum modica licet prædictæ scientiæ vena manavit.

La même dénomination se trouve dans les auteurs du moyen âge.

Dans un Traité de l'Abacus anonyme, nous lisons : « Vocatur Abacus et Mensa geometricalis (1). »

Dans un deuxième : « Tabula geometricalis duas habet lineas per medios arcus. . . . (2). »

Dans un autre : « Adiit me quilibet prius verbis et postmodum scriptis et rogans et movens ut sibi solvendo elucidarem cum differentia in *geometricali Tabula*, id est *Abaco*, ponatur et divisori substituatur. . . (3). »

Ces divers passages prouvent, comme je l'ai annoncé, que le tableau de l'Abacus avait le nom de *Table des géomètres.*

§ XV. — *Le tableau de l'Abacus était encore appelé* Table de Pythagore.

Boèce dit que le système de l'Abacus a été enseigné par Pythagore, et qu'en son honneur ses disciples ont appelé *Table de Pythagore* le tableau sur lequel se pratiquait cette méthode de calcul, tableau que les Modernes ont appelé *Abacus.*

Cette dénomination, *Table de Pythagore*, s'était conservée au moyen âge : je la trouve dans plusieurs auteurs.

Adelard s'exprime ainsi : « Pythagorici hoc opus (Abacum) composuerunt, ut ea quæ magistro suo Pythagora docente audierant oculis subjecta retinerent et firmius custodirent. Quod ipsi quidem *Mensam pythagoream* ob magistri sui reverentiam vocaverunt; sed posteri tamen Abacum dixerunt. »

Un autre Traité de l'Abacus est intitulé : « Descriptio Abaci Pytagore, » et commence ainsi : « Abacus Pitagore tabula fuit. . . . » L'auteur y parle des Pythagoriciens et leur attribue certaines expressions en usage dans le système de l'Abacus.

L'abbaye de Sainte-Benigne de Dijon a possédé un manuscrit intitulé : *Abacus, seu Mensa pithagorica de numeris* (4). Tout nous porte à penser que c'était là un Traité de l'Abacus. Il en est de même probablement d'un manuscrit de la Bibliothèque ambrosienne de Milan, intitulé : *Pithagoræ liber de numeris* (5). La vérification pourra se faire aisément.

---

(1) Ms. G. LXXIII de l'abbaye de St-Emmeran. 8e pièce.

(2) Même Ms., pièce commençant par ces mots : « Doctori et patri theosopho.... »

(3) Ms. de Baluze cité précédemment, f° 31, v°.

(4) Montfaucon, *Bibliotheca bibliothecarum ;* col. 1284.

(5) Id., *ibid.;* col. 523.

Enfin, il paraîtra assez singulier que la préface du Traité d'arithmétique de Fibonacci, cette pièce fameuse qui m'a été plus d'une fois opposée comme un document contraire à mes résultats et à mes opinions, prouve elle-même qu'au XIIIe siècle encore, le système de l'Abacus était connu de Fibonacci lui-même, sous le nom de *méthode de Pythagore*. En effet, l'auteur dit qu'après avoir étudié la science des nombres dans les différentes contrées où il a voyagé, en Grèce, en Égypte, en Syrie, en Sicile, en Provence, il a reconnu que la science des Hindous est infiniment supérieure à toute autre, et notamment à l'algorisme et à la *méthode de Pythagore*. Or, si l'on a attribué à Pythagore ces idées si répandues dans son école sur les *propriétés mystérieuses et cosmogonites des nombres*, on ne lui a point attribué une méthode particulière de calcul, autre que celle de l'Abacus que je lui attribue aujourd'hui sur l'autorité de Boèce et des auteurs du moyen âge. C'est donc de cette méthode même de l'Abacus que parle Fibonacci (1). De sorte que nous pouvons dire que l'Abacus portait encore, au XIIIe siècle, le nom de *méthode de Pythagore*. Ce fait sera confirmé par diverses autres considérations historiques que je développerai ailleurs.

§ XVI. — *Pourquoi Boèce a inséré dans sa Géométrie la description de la méthode de l'Abacus.*

Nous avons vu, dans le § XIII, que la méthode de l'Abacus était regardée comme le mode de calcul nécessaire pour les opérations de la Géométrie, à tel point qu'on appelait le tableau à colonnes la *Table des géomètres* (§ XIV). Or le premier livre de Boèce roule exclusivement sur la Géométrie théorique; il se compose des énoncés des propositions des quatre premiers livres d'Euclide. Au contraire, le deuxième livre ne traite que de la Géométrie *pratique*; il ressemble aux autres fragments qui nous sont restés des géomètres, ou plutôt des *gromatici* ou arpenteurs romains. C'est dans cette partie seule qu'il y avait des calculs à faire, et que la méthode de l'Abacus était utile. Aussi Boèce s'exprime en ces termes : « Mais il est temps » d'enseigner la méthode de calcul des géomètres.... »

C'est donc comme introduction à son deuxième livre qui roule sur la Géométrie pratique, que Boèce a enseigné, à la fin du premier livre, la méthode de l'Abacus.

---

(1) J'ai déjà exprimé l'opinion que la préface de l'*Abacus* de Fibonacci, dont il a été si souvent question dans l'histoire de l'arithmétique, n'a pas été entendue dans son vrai sens. L'observation précédente tend déjà à justifier cette opinion que je développerai plus tard.

Ce passage est donc placé très à propos dans sa Géométrie. On s'est étonné qu'il ne se trouvât pas plutôt dans son Traité d'arithmétique. Mais a-t-on fait attention que cet ouvrage, qui porte le nom d'arithmétique, ne traite d'aucune méthode pratique et qu'il ne roule que sur l'arithmétique spéculative, comprenant, comme l'Arithmétique de Nicomaque, les propriétés des nombres avec la théorie des diverses espèces de proportions ?

§ XVII. — *L'Abacus n'a point été une simple spéculation arithmétique ; les mathématiciens s'en servaient réellement pour leurs calculs.*

Cette proposition, qui est d'une haute importance historique, serait peut-être suffisamment démontrée par les différents textes où il est dit que l'Abacus est la méthode employée dans toutes les parties des sciences mathématiques, et notamment par les géomètres. Cependant il m'a paru désirable de trouver ailleurs que dans les traités mêmes de l'Abacus, des preuves de l'usage pratique de cette méthode, pour bien établir un fait si nouveau et si contraire aux notions historiques admises jusqu'ici.

Voici divers documents qui remplissent ce but. La lecture des pièces mathématiques que renferment les manuscrits en fera probablement découvrir d'autres.

Le manuscrit 6401, ancien fonds, de la Bibliothèque royale, contient, parmi d'autres pièces mathématiques, une correspondance entre deux auteurs nommés Rodolphe de Liége et Rogimbolde de Cologne, qui écrivaient dans le premier tiers du XIe siècle, car ils citent Fulbert, évêque de Chartres, et Adelbolde, évêque d'Utrecht, comme vivants. On voit, par les expressions suivantes, que ces deux géomètres faisaient leurs calculs par la méthode de l'Abacus: « Hoc si *abacizando* probaveris... Cum ad chalcum in divisione » pervenerim, cur hunc ipsum *per regulas Abaci* non diviserim.... »

Un autre manuscrit de la Bibliothèque royale, n° 7377 C, contient une pièce mathématique qui paraît adressée au même Rodolphe par un anonyme B. Celui-ci se sert de la méthode de l'Abacus, car, en annonçant un calcul à faire, il dit : « Atque id *abacizando*, applicare expedit... » (F° 28, v°.)

Dans ce même manuscrit on lit encore (f° 46, v°) une Lettre adressée à Hermann Contractus par un de ses disciples écolâtre de Constance, nommé Meinzo, laquelle Lettre roule sur le calcul du diamètre de la Terre. L'auteur consulte son maître au sujet d'une erreur de calcul; il lui dit : « Ut meam » *abacizandi* notem inscitiam.... » Cette expression *abacizandi* indique qu'il se servait de la méthode de l'Abacus. Plus loin, ayant à diviser 12 par 22, il dit qu'il va opérer *minutiatim*, c'est-à-dire *par les fractions*, expression qui se rapporte aux fractions romaines en usage dans les Traités de l'Abacus. Cette pièce est de la première moitié du XIIe siècle; car on sait que Hermann Contractus est mort en 1054.

Un fragment sur la musique, dans le manuscrit de l'abbaye de Saint-Emmeran que nous avons déjà souvent cité, est intitulé : « Ratio de mensuris monochordi secundum auream divisionem. » Or l'expression *divisio aurea* appartient aux Traités de l'Abacus, où elle désigne une des deux méthodes par lesquelles se faisait la division, dont la seconde avait le nom de règle de fer, *divisio ferrea*. Les mots *secundum auream divisionem* signifient donc ici que les calculs ont été faits dans le système de l'Abacus.

On trouve dans le poëme adressé au roi Robert, par Adalbéron, évêque de Laon, les deux vers :

> Quis signis Abaci numerando retexere possit
> Servorum studium, cursus, tantosque labores (1).

Ces mots, *signis Abaci numerando*, se rapportent certainement au système de l'Abacus et montrent qu'on le pratiquait alors, c'est-à-dire au commencement du XIe siècle.

A cette époque, on appelait les calculateurs *abacistæ* (2), expression qui indique qu'ils faisaient leurs calculs dans le système de l'Abacus, de même que la manière de compter avec les jetons, appelés *calculi*, avait donné lieu à l'expression *calculator*, et de même, aussi, que l'usage du sable pour y tracer les calculs avait donné lieu à l'expression *numerorum arenarii* par laquelle Tertulien désigne ceux qui enseignaient aux enfants les premiers éléments du calcul.

Enfin, Bernelinus dit, dans la préface de son Traité de l'Abacus, que les Lorrains sont très-exercés dans ce mode de calcul.

Ces documents prouvent, jusqu'à l'évidence, que le système de l'Abacus n'a point été une simple spéculation arithmétique, mais qu'il était la méthode pratique dont les mathématiciens se servaient; on voit en outre que cette méthode était déjà devenue d'un usage vulgaire dans certaines contrées,

---

(1) D. Bouquet; *Recueil des historiens des Gaules*, t. X.

(2) Auteurs chez lesquels on trouve l'expression *abacista* : Gerbert, dans sa Géométrie, voir le *Thesaurus anecdot. noviss.* de Pez, t. III, première partie, p. 30.—Guillaume de Malmesbury, *De gestis regum anglorum*; liv. 2.— Gerland et Radulphe, dans plusieurs passages de leurs Traités de l'Abacus.—La 6e pièce du Ms. 95 d'Is. Vossius, de la bibliothèque de Leyde.

à la fin du Xe siècle, ou au commencement du XIe, époque de Bernelinus, puisqu'il était disciple de Gerbert.

Les développements dans lesquels je suis entré ici sont loin d'épuiser les questions qui se présentent dans l'histoire du système de l'Abacus, que je continuerai dans un autre moment.

De l'ordre dans lequel la série des dix chiffres est écrite dans les premiers Traités d'algorisme. Conséquence à tirer de là concernant l'origine de ces ouvrages.

Nous avons vu (§ V) que l'ordre dans lequel les dix chiffres sont écrits dans les anciens traités d'algorisme s'explique naturellement par ce qui avait lieu dans le système de l'Abacus, et que cet ordre indique même la véritable origine de l'algorisme, c'est-à-dire de notre arithmétique actuelle.

Cependant, et ce fait est assez singulier, c'est dans cet ordre même que plusieurs auteurs ont trouvé un de leurs principaux arguments, une preuve péremptoire, ont-ils cru, en faveur de leur opinion sur l'origine orientale de notre arithmétique. « Les chiffres, ont-ils dit, » sont écrits dans les anciens traités d'algorisme *de droite à gauche* en commençant par l'unité ; » et cet ordre est celui qu'ils ont aussi dans les livres arabes. Donc ils nous viennent des Arabes ; » donc notre arithmétique est d'origine orientale. » Ce raisonnement est tout à fait erroné, et c'est la conclusion contraire qu'on devait tirer de la comparaison entre nos traités d'algorisme du XIIe siècle et les livres arabes ; car l'ordre dans lequel les auteurs chrétiens ont écrit la série des dix chiffres, loin de prouver qu'ils imitaient les ouvrages arabes, prouve le contraire. En effet, les Arabes ont écrit la série des dix chiffres dans l'ordre où ils les prononçaient, en commençant par l'unité. Si donc les Chrétiens avaient imité leurs livres, ou même s'ils y avaient simplement puisé la connaissance de l'arithmétique, ils auraient écrit les dix chiffres dans l'ordre où ils les lisaient dans les livres arabes, c'est-à-dire en commençant par l'unité, comme suit : 1, 2, 3, . . ., 9, 0 ; au contraire, ils les ont écrits dans l'ordre inverse, 0, 9, 8, . . ., 2, 1. C'est donc une preuve qu'ils n'ont pas imité les livres arabes.

Ce raisonnement me paraît à l'abri de toute objection ; mais comme il porte sur un point important de l'histoire de notre arithmétique, et qu'il doit détruire une erreur accréditée, je vais le corroborer de faits qui en prouveront bien la justesse.

Le moine grec Planude a écrit, en grec, un traité d'Arithmétique *selon la méthode hindoue*, lequel traité a été regardé jusqu'ici comme imité des ouvrages arabes ; ce sont, en effet, les chiffres arabes qu'on y trouve. Or cet auteur écrit la série des neuf chiffres en commençant par l'unité, comme les Arabes eux-mêmes (1). Ce fait s'accorde donc avec mon raisonnement.

---

(1) *Voir* les Mss. grecs n°s 2381 et 2382 de la Bibl. royale.—D'autres Mss. de Rome, d'Oxford, etc., s'accordent à présenter la série des neuf chiffres dans le même ordre. (*Voir* Kircher, *Arithmologia* ; Wallis, *Opera* ; t. Ier, p. 48 ; etc.)

Autre fait. Dans les Notes placées à la suite de la traduction de l'Algèbre de Mohammed ben Musa par M. Rosen, se trouvent les chiffres arabes écrits de droite à gauche, c'est-à-dire dans le sens de l'écriture arabe. Dans la traduction anglaise de ce passage, les chiffres sont écrits de gauche à droite, c'est-à-dire dans le sens de l'écriture anglaise (1).

C'est donc ainsi qu'il en aurait été si les Chrétiens avaient imité, dans leurs traités d'algorisme, les ouvrages arabes.

Ainsi nous pouvons dire que l'ordre dans lequel les Chrétiens, au XIIe siècle, ont écrit la série des neuf chiffres, en commençant par le *neuf*, loin de prouver, comme on l'a cru, qu'ils avaient imité les ouvrages arabes, prouve précisément le contraire.

Et si l'on considère ce qui avait lieu dans le système de l'Abacus, relativement à cette série des neuf chiffres, on en conclut que c'est dans ce système, émané des Romains, que les Chrétiens ont puisé l'habitude d'écrire la série des neuf chiffres dans l'ordre où les présentent les traités d'algorisme du XIIe et du XIIIe siècle; et cela est une preuve qu'il y a eu tradition de l'Abacus à l'algorisme, et que notre arithmétique nous vient des Latins et non des Arabes. Mais je traiterai cette question d'une manière spéciale dans un autre moment.

---

(1) *The algebra of Mohammed ben Musa*; edited et translated by Fr. Rosen. London, 1831. Voir p. 196.

BIBLIOTHÈQUE NATIONALE

IMPRIMERIE DE BACHELIER,
RUE DU JARDINET, N° 12.